凍齡美顏這樣吃

韓風高纖多酵料理

瑞昇文化

前言

「讓日常的每一餐都是美的源頭！」

藉由每一天的飲食，孕育出健康又茁壯的身體——這便是我所認為的「美」。

我雖生長於日本，但我的祖父母則是來自濟州島，因此從小時候的每一天，餐桌上的菜餚自然都是韓國料理。豐富的蔬菜皆以簡單的方式烹調，發揮出這些食材所擁有的味道，滋味豐富但味道簡樸，不僅對身體健康，也讓心靈得到滋潤。而這樣的味道便是與美有所連結。因自身從事餐飲業，且隨著年紀增長，也就注意到這件事了。於是，我便在當地學習韓國宮廷料理及藥膳料理，並且開設料理教室，希望能將這樣的想法傳達給更多的人。

本書所介紹的食譜當然是以韓式料理為主，但其中同樣有介紹義大利麵與鬆餅等，是一本自由隨意的料理陣容。適當地攝取對身體有益的食材，又能夠融入日本的餐桌，這些食譜就是我百般思量後得到的結論。

哪怕是一點兒也好，若能夠透過這本書傳遞出烹飪的樂趣以及享受食物的愉悅，那會讓我感到非常榮幸。

吉川創淑

書中使用的平底鍋為以碳氟化合物聚合體所加工的不沾鍋。依個人使用的鍋具不同,加熱時間多少會有所差異。

如未特別註記火候,請以中火進行烹飪。

有些步驟會省略蔬菜的清洗、削皮等作業。

一瓣大蒜約為大拇指前端的大小。

計量單位一大匙為15㎖、一小匙為5㎖。

若材料分量記載為適量時,請務必於製作時添加,惟須斟酌適當的分量後再加入。此外,若材料分量記載為隨意時,如您認為不必要,不使用此材料也無妨。如欲添加此材料時,請斟酌適當的分量。

基本上,材料的分量為兩人份或四人份,但依各食譜的不同,也有記載為六個、四片、一人份等分量。如未特別記載時,則為方便製作的分量。請各位注意一下。

如未特別指定時,使用的砂糖為上白糖、醬油為味道・顏色較濃的濃口醬油、辣椒粉為細辣椒粉。

切細末是將食材切成比碎末還要細緻的大小。大蒜或蔥在切成細末之後的味道會變得溫和醇厚。

在製作料理之前,請您閱讀本頁內容

目錄

每天一沙拉，腸胃好健康

以湯品溫暖身體

以泡菜的力量創造健康的美肌

Arrange!
為您介紹使用市售辣白菜的簡單料理食譜！

聰明地食用人氣話題美 FOOD

特別附錄●
完全掌握韓國食材

contents

每天一沙拉，腸胃好健康

蔬菜中含有豐富的礦物質及纖維質，攝取大量的蔬菜便能促進腸胃機能。不過，要是只食用生冷的蔬菜，反而有可能會使腸胃變寒，造成腸胃的負擔，因此最好避免這麼做。近來的生菜沙拉風格，傾向多加一道小小的功夫，例如：以醬油醃漬的韓式醃醬菜、或是麻油風味的韓式涼拌菜等等，請各位務必嘗試一次韓國特有的料理。

茄子醬菜

韓式醬菜為醬油風味的韓國漬物。生薑的風味則能刺激食慾。
清脆的口感讓人感到非常美味,因此特別推薦使用表皮緊緻有彈性的夏季茄子。

材料　4人份

茄子…2條
A 醬油…3大匙
　醋…2大匙
　砂糖…1大匙
麻油…2大匙
薑汁……2小匙

作法

1　將茄子統一切成長5㎝、寬1㎝的長條。將茄子浸泡在清水中,以去除茄子的澀味,然後將茄子擦乾。

2　把材料A放進鍋子裡加熱,沸騰後加上麻油、步驟1並且充分加熱烹煮。

3　當茄子皮呈現閃亮的光澤時,加上薑汁後即可關火。稍微冷卻後即可移入容器內保存。

memo

◎冷藏可保存7日。
◎同樣推薦使用白蘿蔔、小黃瓜等蔬菜來製作。

西洋芹小黃瓜生拌菜（생채）

在韓文中，「생채」的意思是未經加熱的蔬菜。
這是一道能輕鬆品嚐到富含纖維質的麻油風味西洋芹涼拌菜。

材料　2人份

西洋芹…150g
小黃瓜…150g
鹽巴…2小匙
＊鹽味麻油醬汁
　麻油…2大匙
　白芝麻（切細末）…1大匙
　大蒜（切細末）…1/2小匙
　鹽巴…1/2小匙
　醋…1又1/2大匙
白芝麻（磨碎至一半大小）…1大匙
辣椒粉…2撮

作法

1 去除西洋芹外層的粗纖維，然後斜切成細條狀。

2 以1小匙的鹽巴搓抹小黃瓜，再以清水沖洗。先將小黃瓜對半縱切，再以斜刀切成片。

3 輕輕地將鹽巴撒在步驟1及步驟2上，靜置約15分鐘。以流水清洗後瀝乾水分，再用廚房紙巾擦乾。

4 混合鹽味麻油醬汁的材料後，再拌上步驟3。

5 盛盤後撒上白芝麻及辣椒粉。

memo
◎冷藏可保存3天。
◎加上檸檬汁，或是以檸檬醋（參考P73）代替醋，會使味道變得更清爽。

日本水茄涼拌蔥鹽醬汁

茄子據說可抑制身體發熱，在出現夏日倦怠的症狀時也非常適合食用。
香辣的蔥鹽醬汁則能夠喚醒食慾。

材料　2人份

日本水茄…2條
蘘荷…1塊
＊蔥鹽醬汁
　日本長蔥（切細末）…1大匙
　大蒜（切細末）…1/2小匙
　鹽巴…1/2小匙
　麻油…2大匙
　白芝麻（磨碎至一半大小）……1大匙
　辣椒粉…2撮

作法

1 茄子不用削皮，將茄子滾刀切成塊後浸泡於鹽水（分量外的水，300㎖的水加2小匙的鹽巴）中。蘘荷縱切成絲，輕輕地以水漂洗。使用廚房紙巾等擦乾茄子與蘘荷絲的水氣。

2 混合蔥鹽醬汁的材料，拌入步驟**1**後即可盛盤。

memo
◎冷藏可保存3天。
◎蔥鹽醬汁也很適合搭配黃豆芽或菠菜。

醃漬紫高麗菜

這是一道能夠攝取大量紫高麗菜的料理，紫高麗菜中含有大量的膳食纖維，也有豐富的維生素C。醃漬紫高麗菜的色澤能讓人感到雀躍欣喜，所以當成肉類料理的配菜，也同樣相當受歡迎。

材料

紫高麗菜…200g
鹽巴……1/2小匙
* 甜醋醃漬液
　玄米醋…150ml
　水…200ml
　胡椒粒……5粒
　砂糖…50g
　月桂葉…1片

作法

1 將紫高麗菜切成粗條狀。

2 撒上鹽巴之後靜置，直到高麗菜出水並且變軟。將高麗菜移入煮沸消毒後的乾淨容器裡。

3 將甜醋醃漬液的材料放進鍋子裡，煮滾後將醃漬液放涼。

4 將步驟3注入步驟2。

memo

◎冷藏約可保存2個月。
◎使用白蘿蔔或獅子唐青辣椒來做也同樣很美味。
◎最後再加上2大匙的檸檬酵素（P68），能讓味道變得更美妙。

鹹檸馬鈴薯沙拉

鹽漬檸檬做成的發酵調味料——鹹檸檬，是發源自摩洛哥的話題性調味料。
醃漬醬溫潤醇厚的酸味、果皮中帶有的微微苦味，更加深了這道料理的味道層次。

材料　2人份

馬鈴薯…2顆（約200g）
罐頭鹽漬牛肉…30g
鹽巴…適量
＊ 鹽漬檸檬（參考以下作法，切碎）…1大匙
　 洋蔥（切末）…2大匙
　 顆粒芥末醬…1大匙
　 鹽巴…1/2小匙再少一點
黑胡椒（粗磨）…少許
羅勒…適量
檸檬（切半月片）…適量

※鹹檸檬的作法
將切片後的檸檬撒上鹽巴（檸檬重量的12％），
靜置約七天直到檸檬出水。

作法

1 將帶皮的馬鈴薯蒸熟（也可包上保鮮膜，然後微波加熱5分鐘），剝皮後搗碎。

2 與鹹檸檬沙拉醬的材料混合。

3 將罐頭鹽漬牛肉、步驟2的沙拉醬加入步驟1，攪拌後以鹽巴調味。

4 盛盤後撒上黑胡椒，再擺上羅勒、檸檬片。

memo

◎鹽漬檸檬於常溫底下可保存約一年（夏季時請務必置於冰箱冷藏保存）。若想延長保存時間，請增加鹽巴用量。
◎將烤魚或燉肉中使用的鹽巴替換成鹽漬檸檬，可消除肉的腥臭味。

蓮藕溫沙拉

沿著縱向纖維將蓮藕切成長條狀，能讓蓮藕吃起來的口感更清脆爽口。
辣油可適度地帶來刺激，將辣油加在對腸胃好的溫蔬菜上，也是製作的重點之一。

材料　2人份

蓮藕…200g
低溫冷壓白麻油…1大匙
A 鹽巴…1/2小匙
　 醋…2大匙
　 辣油…1大匙
香菜…隨意
花椒…隨意

作法

1 將蓮藕縱切成長5㎝、寬2㎝的條狀。再將蓮藕浸泡在醋水（分量外）中以去除澀味，然後瀝乾水分。

2 把低溫冷壓白麻油倒入平底鍋中加熱，再將步驟**1**放入鍋中，將蓮藕拌炒至上色。

3 以材料**A**進行調味，盛盤之後可依個人喜好撒上花椒或是擺上香菜。

memo

◎使用黑醋製作的話，會使這道料理的味道變得更溫潤醇厚。

鮮綠沙拉佐紅蘿蔔醬

將富含 β-胡蘿蔔素的紅蘿蔔製成生菜沙拉醬的基底醬汁。
是一道用蔬菜搭配蔬菜的健康減油版生菜沙拉。

材料　2人份

綠捲鬚萵苣…70g
葡萄柚（白肉、紅肉）…各1/2顆
菊苣…適量
櫛瓜…適量
＊紅蘿蔔醬
  ┌ 紅蘿蔔…30g
  │ 洋蔥……20g
  │ 砂糖……2大匙
  │ 鹽巴…1小匙
  │ 醋…2大匙
  └ 沙拉油…3大匙
扁桃仁碎粒（烘焙）…2大匙

作法

1 將綠捲鬚萵苣、菊苣撕成適當的大小；葡萄柚剝皮後將果肉剝成一瓣一瓣；櫛瓜切成半月形的薄片。

2 製作紅蘿蔔醬。將紅蘿蔔切成細條狀、洋蔥切成塊狀後，與砂糖、鹽巴一同放入食物調理機內攪成泥狀。加上醋之後再攪拌一下，最後一點一點地加上沙拉油攪拌。

3 將步驟**1**的生菜盛盤，淋上步驟**2**後撒上扁桃仁碎粒。

memo

◎將砂糖替換成相同分量的甜麴（參考Ｐ59～67）、鹽巴替換成２大匙的鹽麴，攝取這些發酵調味料會讓身體更加健康。

紫洋蔥拌櫻花蝦沙拉佐紅蘿蔔醬

紅蘿蔔的自然甜味，與櫻花蝦的香氣、洋蔥的勁辣搭配得恰恰好。
這道料理使用了顏色鮮豔豐富的彩色番茄，吃起來會讓人更加愉悅唷！

材料　2人份

紫洋蔥…1/2顆
櫻花蝦…1大匙
小番茄…5～6粒
皺葉萵苣…70g
綜合嫩芽葉…適量
紅蘿蔔醬（參考上述作法）…適量

作法

1 盡量將紫洋蔥切成薄片，並將紫洋蔥浸泡在水中，再將水分瀝乾；將小番茄切成四等分。

2 把皺葉萵苣撕成適當的大小，與綜合嫩芽葉一起用水清洗後瀝乾水分。

3 將步驟**1**、**2**與櫻花蝦盛盤，再淋上紅蘿蔔沙拉醬。

鹽麴番茄拌沙拉麵線

鹽麴因有助於美容而一舉蔚為風潮，與番茄搭檔更是威力加倍！
這道料理的分量不多不少剛剛好，最適合當成午餐。同樣也很推薦當成消夜來食用。

memo

◎鹽麴番茄冷藏可保存三天。

材料　2人份

麵線…2束（100g）
* 鹽麴番茄醬
　番茄…2顆
　洋蔥（切末）…2大匙
　鹽麴…2大匙
　辣椒醬…1大匙
　醋…1大匙
香菜…適量
炸洋蔥…少許
蒜酥…少許
辣油（參考P92）…隨意

作法

＜事前準備＞

1　製作鹽麴番茄。以熱水氽燙番茄，剝皮後剔除番茄籽，然後切成1cm大的塊狀。將番茄與其餘的材料混合，放入冰箱冷藏靜置一晚。

＜烹調＞

2　用大量的滾水燙煮麵線，再以流動的清水沖洗。以冰水冰鎮後再用篩網撈起，瀝乾麵線的水分。

3　將步驟2盛盤，淋上步驟1、辣油，再裝飾上香菜、炸洋蔥、蒜酥。

鮪魚排佐鹽麴番茄醬

將低脂肪、高蛋白質，還能攝取到鐵質的鮪魚上背肉做成一分熟的魚排。
滿載著具排毒效果的酪梨，是一道營養均衡滿分的料理。

材料　2人份

鮪魚…一塊（約250g，盡量挑選較厚的魚肉塊）
鹽麴番茄醬（參考P18）…適量
鹽巴…1小匙
橄欖油…1大匙
大蒜（切片）…1瓣
＊酪梨沙拉
  酪梨…1顆
  A 洋蔥（切末）…2小匙
    橄欖油…1小匙
    鹽巴…少許
    胡椒…少許
義大利巴西利…適量
萊姆（切成月牙形）…適量

作法

1 鮪魚撒上鹽巴後靜置一會兒，然後擦乾水分。

2 將橄欖油倒入平底鍋內，放入大蒜片後以小火加熱，等到飄出蒜香後挑出蒜片。

3 將步驟**1**放進步驟**2**中，讓鮪魚表面稍微地煎烤上色。等到稍微冷卻後再切成厚度1.5cm的肉片。

4 製作酪梨沙拉。用叉子等工具將酪梨壓碎，拌上材料**A**。

5 將步驟**3**、**4**盛盤。淋上鹽麴番茄醬，再擺上義大利巴西利、萊姆片。

以湯品

溫暖身體

湯品能讓身體從腹部內側慢慢地溫暖起來，也能活化早晨時剛清醒的大腦，其存在令人感到安心。希望各位都能積極地在早餐時飲用湯品，所以設計出各式以蔬菜為主要食材、味道柔和溫厚的湯品食譜。食譜中使用了大蒜、生薑等能溫熱身體的食材，也是製作湯品時的一大重點。

南瓜排毒湯

使用排毒效果極佳的南瓜，製作出濃郁醇厚的豆乳湯。
湯中帶著清淡的孜然香氣，不論是身體或心靈都能夠得到放鬆喔！

材料　2人份

南瓜…200g
豆漿…300㎖
水…4大匙
水煮紅豆…2大匙
藜麥乾…隨意
鹽巴…2/3小匙
肉桂（粉狀）…少許
孜然（粉狀）…少許

作法

1 把南瓜切成一口大小，放入容器並蓋上保鮮膜，以微波爐加熱6分後剝掉南瓜皮。

2 把步驟1與豆漿混合，並使用果汁機等機器攪拌至柔滑的樣子。

3 移入鍋內並以小火加熱，然後慢慢地加水調整濃度，讓南瓜湯稍微有濃稠度即可。再以鹽巴調味。

4 倒入裝湯的容器內，加上水煮紅豆、藜麥乾，再撒上肉桂粉及孜然粉。

鹽麴海蘊藻醋薑湯

此道湯品使用了籠目昆布，以及對於身體有極佳功效而大受矚目、含有豐富褐藻糖膠的海蘊藻（長壽藻），再以鹽麴作為調味。這道只要注入熱水就可飲用的即享湯品加了醋生薑，能讓身體由內而外溫暖起來。

材料　2人份

A 海蘊藻（生）…120g
　　鹽麴…2～3大匙
　　醋生薑…2大匙
　　籠目昆布（切細絲）…少許
熱水…400㎖
蔥末…適量

※醋生薑的作法
將100g的生薑（帶皮，切成薄片）、70g的烏醋、30g的醋與20g的蜂蜜混合後，放入冰箱冷藏一天。冷藏可保存2個月。

作法

1 將材料**A**放進容器內混合。

2 注入熱水後攪拌均勻，裝飾上蔥花。

memo

◎ 也可使用瓏昆布代替籠目昆布。
◎ 使用剩餘的醋生薑來製作燉肉的話，燉出來的肉會變得很軟嫩。

菠菜雞肉丸
綠濃湯

此道料理選用了有助鐵質攝取的菠菜為主角，是一道口味清淡的蔬菜湯。
蔬菜湯裡加入了以高蛋白質、低脂肪的雞胸肉加上豆腐所做成的健康雞肉丸。

材料　2人份

菠菜…130g
* 雞肉丸
　雞胸肉（絞肉）…200g
　嫩豆腐…80g（瀝水後）
　日本長蔥（切末）…2大匙
　大蒜（切末）…1/2小匙
　日本太白粉…1/2大匙
　鹽巴…1小匙
└ 胡椒…少許
日本太白粉…適量
蘑菇（切片）…4顆
水…400㎖
淡味醬油…1又1/2大匙
● 太白粉水
　日本太白粉…1/2大匙
　水…2大匙

作法

1 將菠菜放進滾水中汆燙，再放進食物調理機等機器內攪拌成泥狀。

2 製作雞肉丸。把材料放入碗中，用手揉捏到肉泥出現黏性。捏成直徑約3㎝的球狀之後撒上日本太白粉。

3 將水注入鍋中並且煮沸，然後水煮步驟2。等到肉丸都浮起來後，撈出肉丸並放入冷水中，再以篩網瀝乾水分。

4 將步驟1、3以及蘑菇加入步驟3的熱水裡。沸騰後轉為小火，並以淡味醬油調味，再以太白粉水勾芡後即可盛盤。

花蛤青江菜鹽麴湯

這道湯品能同時品嚐到濃縮了礦物質精華的花蛤，以及味道濃厚的湯頭。
以發酵調味料中的鹽麴來調味，讓這碗湯的味道變得更加豐富而深厚。

材料　2人份

花蛤…12顆
青江菜…100g
黑木耳（泡水還原）…50g
鹽麴…2～3大匙
昆布茶…少許
水…300㎖
胡椒…少許

作法

1 把水、昆布茶倒入鍋中混合並加熱至沸騰，加上鹽麴、吐沙後的花蛤後再次煮滾。

2 黑木耳隨意切成方便食用的大小，再將黑木耳加入步驟 **1**，烹煮數分鐘後，將青江菜放入湯中，稍微煮一下之後淋上醬油。

memo

◎加上番茄之後會多了不同的鮮味，讓湯的味道變得更深奧。

檸檬清香豆乳湯

因為喝豆漿能讓腦袋變得清晰，所以非常推薦各位在早餐時飲用這道湯品。
豌豆的嫩芽──碗豆苗對於美肌也很有效，所以請各位多多享用。

材料　2人份

豆漿…150mℓ
豬里肌肉（火鍋用）…80g
碗豆苗…適量
萵苣…1/4顆
蔬菜高湯…200mℓ
鹽麴…1大匙
檸檬（切片）2～3片

作法

1　把豆漿、蔬菜高湯放進鍋中混合，以小火加熱至湯滾。

2　將鹽麴加入湯中並再次煮沸，放入豬里肌肉片、豌豆苗、萵苣後滾煮至食材煮熟。關火後裝飾上檸檬片。

memo

◎若是於晚餐飲用此道湯品，推薦各位加上胡麻醬一同享用。胡麻醬比例為：芝麻醬（80mℓ）＋砂糖（2小匙）＋辣油（2大匙）＋醬油（1大匙）＋醋（1大匙）。

水泡菜風番茄凍湯

雖是一道冷湯卻不會讓身體變寒，是一道不可思議的湯品。
利用生薑、大蒜、辣椒，讓這道水泡菜風格的冷湯有著清爽甘甜的味道。

材料　2人份

* 水泡菜
  紅心蘿蔔（可以白蘿蔔代替）…80g
  蘋果…1顆
  水…200㎖
  葛粉…8g
  辣椒粉…10g
  蒜汁…1小匙
  薑汁…2小匙
  鹽巴…2小匙
小番茄…12粒
鹽巴…少許
薄荷…適量

作法

<事前準備>

1　製作水泡菜。蘋果削皮後磨成泥，再以廚房紙巾等物品包住蘋果泥，將蘋果泥榨成蘋果汁。

2　把紅心蘿蔔切成2㎜厚的扇形蘿蔔片，再撒上1小匙多的鹽巴，稍微靜置一會兒。

3　把水、葛粉一起放進鍋中攪拌，讓葛粉完全融於水。

4　以小火加熱步驟3，等到葛粉水變得濃稠後加上步驟1，然後將鍋子離火。把辣椒粉放進市售的茶葉袋後，放入芡湯裡。

5　稍微冷卻後加上蒜汁、薑汁，再以少許的鹽巴調味。取出放有辣椒粉的茶葉包。

6　將步驟2加入芡湯裡，再放進冰箱冷藏。

<完成>

7　將小番茄放進滾水中，汆燙後剝皮，撒上鹽巴後瀝乾。將小番茄擺入容器內，再倒入步驟6，並以薄荷裝飾。

memo

◎因為比起留下辛辣的味道，更希望留在湯裡的是辣椒的色澤及香氣，所以才在中途時取出辣椒。

簡易蔘雞湯

蔘雞湯是韓國料理中廣為人知的藥膳湯品,能讓身體從腹內溫暖起來。
為了方便各位在家中製作,因此設計成不使用全雞、而使用雞腿肉或雞翅的簡易版本。

材料　4人份

雞腿肉…2片
雞翅…4支
糯米…90g
水…1.5L
Ａ 生薑(切片)…2～3片
　日本長蔥(長3cm)…2支
　大蒜…1瓣
　紅棗…2顆
　高麗人蔘(生)…1支
蔥花…適量
枸杞…隨意
鹽巴…適量
胡椒…隨意

作法

<事前準備>

1　淘洗糯米,並將糯米浸水一小時左右。

2　將雞腿肉及雞翅抹上1大匙的鹽巴,靜置約30分鐘後以流水洗淨,並以廚房紙巾等擦乾水分。

<烹調>

3　將步驟2、材料Ａ一起放入鍋中,並以大火加熱。沸騰後轉為中火,邊煮邊撈出雜質,約煮30分鐘。

4　取出薑及長蔥後加上步驟1,邊煮邊撈出雜質,約煮20分鐘。

5　把雞湯盛裝到器皿內,裝飾上蔥花、枸杞。另外附上胡椒。

memo

◎雞肉抹鹽之後可使雞皮變緊實,能讓煮出來的雞肉變好看。
◎將生薑及長蔥放進市售的茶葉袋裡,取出時會比較方便。

Remake 1

苦瓜番茄夏日蔬菜湯

在蔘雞湯中加入了山苦瓜的苦味及番茄的酸味，是一道充滿夏日風情的湯品。
使用了具有利尿效果的玉米芯來熬製湯頭，也是這道蔬菜湯的美味關鍵。

材料　2人份

山苦瓜⋯1/2條
番茄⋯1顆
玉米⋯1/2條
簡易蔘雞湯的湯汁（參考P30）⋯400mℓ
鹽巴⋯少許
黑胡椒（粗磨）⋯適量

作法

1　將玉米連同外皮以保鮮膜包裹，放入微波爐（600W）加熱4分鐘。用菜刀切下玉米粒的部分，使玉米粒與玉米芯分離。

2　去除苦瓜的囊與籽，切成厚度2cm的半月形；番茄汆燙後剝皮，去除番茄籽後切成月牙形。

3　將簡易蔘雞湯放入鍋中，沸騰後將步驟1的玉米芯放進雞湯。加上步驟2後煮5分鐘左右。

4　以鹽巴及黑胡椒調味，再加上步驟1中的玉米粒部分。

Remake 2

海南雞飯

這道以汆燙雞肉的肉及湯汁所做成的東南亞料理，很適合利用蔘雞湯來製作，
直接享用就十分美味。另外加上醬汁後改變味道，品嚐起來會更添樂趣喔！

材料　2人份

簡易蔘雞湯的雞腿肉…400g
簡易蔘雞湯的湯汁（參考P30）…350㎖
白米…2杯
小黃瓜（切片）…適量
香菜…適量
馬鈴薯（水煮）…隨意
萊姆（切月牙形）…適量
檸檬（切成半月形薄片）…適量

作法

1 過濾簡易蔘雞湯，將雞腿肉切成
方便食用的大小。

2 白米淘洗後浸泡在水中約30分
鐘。以篩網濾乾水分之後，與步
驟1的蔘雞湯一同放進炊飯器中
炊煮。

3 將米飯盛盤，並將步驟1的雞腿
肉放在白飯上，再擺上小黃瓜、香
菜、馬鈴薯、萊姆、檸檬。

memo

◎可依個人喜好添加以下材料
醬油（1大匙）＋黑砂糖（1大匙）
醋生薑（1大匙※參考P23）＋麻油（1大匙）＋鹽巴（1小匙）
鹽麴（1大匙）＋番茄（切塊50g）＋辣椒醬（1大匙）

以泡菜的力量
創造健康的美肌

泡菜為乳酸發酵的醃漬物，被認為能整建腸道環境，因此列入美肌食物的行列中。本書所介紹的泡菜，都是醃漬當天即可品嚐的簡易版本。泡菜食譜中使用了櫻桃蘿蔔與青江菜，意外地有著時尚的視覺外觀。本書中也同樣介紹了利用市售韓式辣白菜來料理的獨特創新食譜。

櫻桃蘿蔔泡菜

櫻桃蘿蔔因有著圓滾滾的外型及深紅的鮮豔色澤而令人矚目，請各位在醃製泡菜時務必要連同蘿蔔葉一起製作。此款泡菜出乎意料的無苦澀味，而且營養價值滿分，以櫻桃蘿蔔醃製出的泡菜看起來也會變得更可愛。

材料

櫻桃蘿蔔（帶葉）…300g
鹽巴…30g
＊泡菜醬
　水…200㎖
　昆布…5㎝方形1片
　柴魚片…20g
　砂糖…2大匙
　辣椒粉…50g
　蜂蜜…2大匙
　鹽巴…2〜3小匙
　A　蘋果…50g
　　　蝦米…1大匙
　　　大蒜…30g
　　　生薑…10g

作法

<事前準備>

1 製作泡菜醬。先將昆布浸於水中一晚。

2 把步驟 **1** 移入鍋中，在即將沸騰時撈出昆布。加上柴魚片後關火，靜置湯汁直到柴魚片沉入鍋底，再以鋪上布巾的篩網過濾湯汁。

3 加入砂糖並等湯汁稍微冷卻，再使用食物調理棒或調理機將湯汁與材料 **A** 一同攪碎。

4 加上辣椒粉攪拌，再加上蜂蜜、鹽巴。

5 移入附有蓋子的容器，放入冰箱冷藏一晚。

<醃製>

6 把鹽巴抹在櫻桃蘿蔔上，擱置一小時。

7 以流水洗淨後瀝乾水分，再拌上90g的步驟 **5**。

Point!

製作泡菜的重點！
※一開始以鹽漬使蔬菜脫水，可有助於泡菜的保存。鹽巴的分量基本上為蔬菜重量的10%，請依個人喜好進行調整。
※100g的蔬菜基本上使用30g的泡菜醬。泡菜醬的分量也請依個人喜好進行調整。
※本次介紹的泡菜皆當天即可食用。存放泡菜的容器請務必煮沸消毒，並將泡菜置於冰箱冷藏。

memo

◎在清洗櫻桃蘿蔔時，也要洗到葉子的根部，把蘿蔔上的泥土洗乾淨。若蘿蔔的塊頭較大時，請將蘿蔔縱向劃一刀。
◎冷藏可保存七天。

西洋芹泡菜

即使是有著特異氣味的西洋芹，製成泡菜後的味道也變得相當容易入口。
西洋芹熱量低且富含膳食纖維，同樣被認為是一種具有放鬆效果的食材。

材料

西洋芹（帶葉）…300g
鹽巴…3又1/3大匙
泡菜醬（參考P37）…90g

作法

1　以流水沖洗西洋芹，並切除根部。

2　使用削皮刀削除西洋芹莖部表皮的纖維，再斜切成1㎝厚的片狀。葉子的部分則切為5㎝長的段狀。

3　把3大匙的鹽巴搓抹在步驟2上，靜置約30分鐘。

4　以流水沖洗後瀝乾水分，拌上泡菜醬後加上1/3大匙的鹽巴。

memo

◎冷藏可保存七天。

分蔥泡菜

比起嗆辣的青蔥，分蔥的味道則更溫和一些且容易入口。將一整根的分蔥做成泡菜，
看起來頗具時尚感。
將分蔥泡菜切碎後加在韓式煎餅中，吃起來就會多了卡滋卡滋的口感喔！

材料

分蔥…300g
鹽巴…3大匙
泡菜醬（參考P37）…90g
魚露…1大匙

作法

1 以流水沖洗分蔥，並切除根部。

2 抹上鹽巴之後擱置約一小時。

3 以流水沖洗後將水分完全瀝乾，再抹上泡菜醬及魚露。

4 把莖的部分對折成一半的長度，再用葉子繞住對折後的莖，形成如照片中的樣子。

memo

◎不論是泰式魚露或是日本魚露，任何魚露皆可用於醃製。加上魚露可充實魚類的鮮味，能使泡菜的味道更濃厚。

◎不只是將材料混在一起而已，要把泡菜醬搓抹在分蔥，讓分蔥與材料融合，做出來的分蔥泡菜才會好看。

◎冷藏可保存十天。

◎醃製兩天後，分蔥的嗆辣感會變得溫和，此時會比較容易食用。

蜂蜜梅子泡菜

將富含檸檬酸的梅乾改製成梅子泡菜，鹹中帶甜的滋味令人上癮。
也推薦各位將這份梅子泡菜用來製作料理，像是當成飯糰的內餡，或是當成義大利麵的調味等。

材料

蜂蜜梅子（市售品）…300g
泡菜醬（參考P37）…140g
蜂蜜…3大匙

作法

1　將蜂蜜梅子拌上泡菜醬及蜂蜜。

memo

◎蜂蜜量請依蜂蜜梅子的甜度斟酌添加。
◎冷藏可保存一個月。

紅心蘿蔔泡菜

紅心蘿蔔中含有高抗氧化力的花青素,吃起來水嫩又清脆。
做成泡菜後,可更加帶出藏在紅心蘿蔔深處的甘甜。

材料

紅心蘿蔔…300g
鹽巴…3大匙
泡菜醬(參考P37)…90g

作法

1 以流水沖洗紅心蘿蔔,削皮後切成5㎜厚的四等分扇形。

2 將蘿蔔片鋪在方形鐵盤上,抹上鹽巴之後擱置約一小時。

3 以流水沖洗後瀝乾水分,再拌上泡菜醬。

memo

◎切成薄片可使醃蘿蔔較快入味。
◎冷藏可保存七天。

蓮藕泡菜

蓮藕含有豐富的黏蛋白及維生素C，也極為適合用來治癒疲勞的身軀。
沿著蓮藕的纖維方向縱切的話，還能享受到不一樣的口感唷！

材料

蓮藕…300g
鹽巴…2又1/2大匙
泡菜醬（參考P37）…90g
白芝麻…隨意

作法

1 蓮藕削皮後切成1.5㎝厚的輪片狀。

2 以鍋子將水煮沸，加上2大匙的鹽巴後，將步驟1放進滾水中氽燙約3分鐘。

3 瀝乾蓮藕的水分並稍微放涼，拌上泡菜醬後加上1/2大匙的鹽巴。可依個人喜好撒上白芝麻。

memo

◎以鹽水氽燙，可使鹽巴的味道確實滲入蓮藕的中心。
◎可依個人喜好加上3大匙的蜂蜜，便能享受到多了甜味的不同風味。
◎冷藏可保存七天。

Remake!

蓮藕泡菜炸春捲

運用蓮藕清脆的口感，將蓮藕泡菜做成了炸春捲。
與蝦子鮮甜彈牙的口感形成了絕妙的對比，讓這道料理也極為適合當成下酒菜。

材料　6條份

蓮藕泡菜（參考P42）…100g
春捲皮…3片
蝦子…200g
鹽巴…1/2小匙
胡椒…少許
酒…2小匙
薄荷葉…18片
油炸用油…適量
檸檬（切月牙形）…適量
香菜…隨意

作法

1 把蓮藕泡菜切成粗末。

2 蝦子剝殼後去除腸泥，灑上酒之後輕輕搓揉，再以流水沖洗。以廚房紙巾擦乾水分，並將蝦子切成粗末。

3 將步驟1、2一起放進碗中，加上鹽巴及胡椒後攪拌均勻，直到出現黏性。

4 將春捲皮切對半，並將較長的一邊擺橫向。鋪上三片薄荷葉後放上步驟3，再捲成棒狀。

5 將油溫加熱至180℃，放入步驟4油炸。盛盤後擺上檸檬、香菜。

memo

◎以青紫蘇葉代替薄荷葉，吃起來也一樣爽口。
◎直接品嚐就很美味，沾上番茄醬也很好吃。

青江菜泡菜

將未經汆燙的青江菜直接做成泡菜，如此便能吃到黃綠色蔬菜中富含的營養。
把青江菜泡菜切成適當的大小後，也能夠用來煮湯或是炒菜。

材料

青江菜⋯300g
鹽巴⋯3大匙
泡菜醬（參考P37）⋯90g

作法

1 以流水沖洗青江菜，切除根部之後再縱切成四等分。

2 將青江菜排在方形鐵盤上，並將鹽巴抹在根部，擱置約一小時。

3 以流水沖洗後瀝乾水分，再將泡菜醬塗抹在青江菜上。

memo

◎在殺青的步驟時，鹽巴便會自然地滲入青江菜，所以不需要直接把鹽巴抹在葉子上。

◎可依個人喜好再多加上1／2大匙的鹽巴。

◎如果是將泡菜醬搓抹在青江菜上，而不是用攪拌的方式讓青江菜沾裹泡菜醬的話，這樣做出來的泡菜就會很好看。

◎冷藏可保存七天。

秋葵泡菜

無需事先醃漬，只需用到簡易泡菜醬的輕鬆泡菜食譜。
若想做出秋葵黏呼呼的感覺，只要用菜刀剁碎秋葵即可。將秋葵泡菜放在豆腐上，吃起來也很美味唷！

材料

秋葵…20根
鹽巴…2小匙
＊簡易泡菜醬
　韓式辣醬…4大匙
　醋…4大匙
　砂糖…2大匙
　醬油…3大匙
　大蒜…1小匙

※韓式辣醬的作法
以小火加熱150㎖的麻油、1大匙的大蒜（切細末），飄出香氣後再放入200㎖的醬油、200g的辣椒粉（磨成中粒），再讓辣椒醬冷卻。

作法

1 先混合簡易辣泡菜醬的材料。

2 將秋葵撒上鹽巴並用手搓抹，再以沸騰的熱水稍微汆燙一下。秋葵撈起之後瀝乾水分，再拌上步驟1。

memo
◎韓式辣醬冷藏可保存三個月。
◎韓式辣醬亦能運用在炒青菜等料理上。
◎秋葵泡菜冷藏可保存三天。

玉米筍山苦瓜泡菜

玉米筍吃起來清脆爽口，其鮮甜的味道與山苦瓜的苦味之間有著和諧的平衡。
這道變化版的泡菜兼具了色澤與味道，讓人能在出現夏日倦怠的症狀時恢復元氣。

材料

玉米筍…10條
苦瓜…120g
鹽巴…2小匙
簡易泡菜醬（參考P46）…3大匙

作法

1 將玉米筍對半縱切。將1小匙的鹽巴加入滾水中，稍微汆燙後，撈起玉米筍並瀝乾水分。

2 去除苦瓜的囊與籽，切成厚度1cm的半月形。抹上1小匙的鹽巴後靜置約15分鐘。以流水沖洗後瀝乾水分。

3 將步驟1、2拌上簡易泡菜醬。

memo

◎冷藏可保存三天。
◎建議使用新鮮山苦瓜，但也可以使用罐頭山苦瓜代替。

Ajillo 蒜香鮮蝦泡菜

以Ajillo（油泡烹調法）的方式來烹調，能使泡菜的鮮甜滲入橄欖油裡，讓這道料理出乎意料地美味。適度的酸度讓味道更深厚，與海鮮的搭配效果相當好。

材料　2人份

蝦子⋯10尾
辣白菜⋯50g
蘑菇⋯5朵
小卷（可用花枝代替）⋯5條
鹽巴⋯1/3小匙
酒⋯2大匙
A 大蒜（切細末）⋯1瓣
　鷹爪辣椒⋯2～3根
　橄欖油⋯5大匙
義大利巴西利（切末）⋯適量

作法

1 將辣白菜切成1㎝大的方形，並擰乾泡菜的湯汁。

2 蝦子開背後剔除腸泥，撒上鹽巴及酒後用手搓揉，然後擱置一會兒。瀝乾水分後以廚房紙巾擦乾。

3 將材料A放入平底鍋，以小火加熱至飄出香氣。

4 放入蘑菇、小卷，充分加熱後再加上步驟1，並撒上義大利巴西利。

memo

◎將大蒜切成細末，可使大蒜的味道變溫醇。
◎使用花枝代替小卷時，要將花枝的身體部分切成輪狀、花枝腳切成一口大。
◎使用鐵鑄平底鍋的話，可以直接連鍋子一起端上桌，會很方便的。

Arrange!

海帶納豆涼拌麻辣豆腐

泡菜搭配上黏呼呼的海帶根以及納豆，變成了使體力超持久的涼拌沙拉。
沙拉中微微的辛辣感能讓食慾變得更好。

材料　2人份

海帶根…60g
納豆…1盒（45g）
嫩豆腐…200g
辣白菜…50g
麻油…1小匙
A　蘘荷（切絲）…1塊
　青紫蘇葉（切絲）…2～3片
　蔥花…適量
白芝麻…1小匙
日式橙醋醬油…1大匙

作法

1 將嫩豆腐切成四等分。

2 將辣白菜切成一口大。

3 把海帶根、納豆及步驟 **2** 一同放進碗中，並拌上麻油。

4 將步驟 **3** 鋪在盤子裡，再擺上步驟 **1**。裝飾上材料 **A**，再撒上白芝麻、淋上一圈的橙醋醬油。

memo

◎請充分地攪拌，直到納豆出現黏性。

50

泡菜豆皮炊飯

要凸顯出辣白菜的味道，炊飯的材料反而要簡單。
冷冷地吃也同樣美味，所以只要把炊飯捏成飯糰，再包上韓國海苔就可以當成便當了。

材料　2人份

白米…2杯
辣白菜…120g
日式豆皮…60g
Ⓐ 醬油…2大匙
　 味醂…1大匙
　 高湯…350㎖
蝦夷蔥…適量
韓國海苔…適量

作法

1 白米洗淨後泡水約30分鐘，再以篩網瀝乾水分。

2 擰乾辣白菜的醬汁，並切成2㎝長的大小。以熱水去除豆皮的油分後，再將豆皮切成2㎝長的條狀。

3 將步驟**1**、**2**、材料Ⓐ一同放入飯鍋中炊煮。

4 盛盤後裝飾上蝦夷蔥花、韓國海苔絲。

memo

◎辣白菜雖帶著些許的酸味，但煮熟後味道就會變得溫和，能夠煮出好吃的炊飯。

泡菜熱三明治

運用了酸味增加後的辣白菜，試著將泡菜結合上本次設計的食譜。
食譜中的酸黃瓜當然可以使用現成的市售品，請各位嘗試看看不同的搭配。

材料　1人份

吐司…2片
辣白菜…40g
Ａ 萵苣…3片
　培根（煸炒）…2片
　醃漬紫高麗菜（參考P12）…50g
　鹹檸馬鈴薯沙拉（參考P14）…適量
　醃漬番茄（切片，可以生鮮番茄代替）
　…2片
奶油…適量
顆粒芥末醬…適量
酸黃瓜…隨意

作法

1 將辣白菜切成1cm長，並且擰乾泡菜的醬汁。

2 吐司不切邊直接烤，一片抹上奶油，另一片抹上顆粒芥末醬。

3 將材料Ａ依序疊放在步驟**2**中抹有顆粒芥末醬的吐司上，再蓋上另一片吐司。

4 將三明治切對半之後，再擺上酸黃瓜。

memo

◎使用味道稍微再酸一點的辣白菜是最佳的。
◎也可以使用一般的馬鈴薯沙拉代替鹹檸馬鈴薯沙拉。
◎可依個人喜好撒上黑胡椒，吃起來也會非常美味。

泡菜豬肉豆腐鍋（찌개）

在韓國，「찌개」（音：jjigae）泛指所有鍋類料理，泡菜與豬五花肉鍋是最基本款的鍋物。加入少許的砂糖，便能巧妙地抑制泡菜的酸味。

材料　2人份

辣白菜…100g
豬五花肉…80g
嫩豆腐…100g
金針菇…200g
韭菜…1把
鹽巴…1小匙
砂糖…1小匙
酒…1小匙
Ａ 高湯…300㎖
　 泡菜汁…2大匙
　 洋蔥（切片）…40g
Ｂ 大蒜（磨泥）…1小匙
　 辣椒粉…1小匙
　 淡味醬油…1大匙多
　 韓國辣醬…1大匙

作法

1 將辣白菜切成3㎝長。

2 將豬五花肉切成3㎝長，然後灑上米酒。

3 以平底鍋大火拌炒步驟**2**，再將步驟**1**放入鍋中炒熟。

4 加上材料Ａ稍微燉煮，再將材料Ｂ加入鍋中。

5 加上切成適當大小的嫩豆腐、金針菇以及切成5㎝長的韭菜，煮滾後即可以鹽巴、砂糖調味。

memo

◎辣白菜的酸味在醃漬約兩週後會變得強烈，使用此時的泡菜來製作會比較理想。
◎使用加上了鯖魚乾、飛魚乾等魚類所製成的高湯，在味道方面更具有衝擊性，會比柴魚高湯更適合泡菜鍋。
◎加入雞蛋以及豆漿，能讓味道變得溫和滑順。
◎加上納豆或豆渣也很美味。

 Arrange!

酥炸青花菜與花椰菜
佐泡菜塔塔醬

以酸味十足的辣白菜取代酸黃瓜，將泡菜做成塔塔醬。
白菜的辣味在製成塔塔醬後會變溫和，所以連小朋友也能品嚐這道料理。

材料　2人份

青花菜…1/4顆
花椰菜…1/4顆
小番茄…4粒
＊麵衣
　麵粉…6大匙
　日本太白粉…2大匙
　氣泡水…100ml
　濃縮雞湯粉（顆粒）…1小匙
＊泡菜塔塔醬
　辣白菜…50g
　美乃滋…3大匙
　黑胡椒（粗粒）…少許
　法式芥末醬…2小匙
　檸檬汁…2小匙
油炸用油…適量
巴西利（切末）…隨意

作法

1 製作泡菜塔塔醬。把辣白菜切碎，並擰乾辣白菜的湯汁，再將辣白菜與其餘材料混合。

2 把青花菜、花椰菜分成一小朵、一小朵。

3 混合麵衣的材料，再把步驟**2**、小番茄放進麵糊中，沾裹上麵衣。

4 以加熱至180℃的熱油油炸步驟**3**，然後盛盤。

5 將步驟**1**放進另一個容器內，裝飾上巴西利後擺在步驟**4**旁邊。

memo

◎加入氣泡水可使油炸後的麵衣變得輕盈酥脆。
◎在麵衣中加入了濃縮雞湯粉進行調味，是使這道料理美味程度更上一層的關鍵。

聰明地食用人氣

話題美 FOOD

米麴製成的無酒精甘酒「甘麴」，而紫蘇籽油、紫蘇籽粉，則被稱為超級食物且大受矚目，在使用了這些食材的食譜中，將介紹減肥餐中頗為常見的一款酵素飲——檸檬酵素的作法及運用。以下將為您一一介紹在美容及健康方面效果備受期待的新點子料理，享受人氣話題食物的創新食譜。

6 種甘麴水果果昔

善用甘麴中淡淡的甜味，製作出不加糖的健康飲品。
能夠用來代替早餐，也可以當成肚子餓時的輕食唷！

材料　各1杯份

* 柿子果昔
  柿子⋯1顆
  └ 甘麴⋯170㎖

* 番茄果昔
  番茄⋯中顆1顆
  甘麴⋯170㎖
  └ 小番茄⋯1粒

* 奇異果果昔
  奇異果⋯1顆
  甘麴⋯170㎖
  └ 薄荷葉⋯隨意

* 芒果果昔
  芒果⋯1/2顆
  甘麴⋯170㎖
  └ 奇亞籽（泡水還原）⋯2大匙

* 葡萄柚果昔
  葡萄柚⋯1/2顆
  └ 甘麴⋯170㎖

* 水蜜桃果昔
  水蜜桃⋯1顆
  甘麴⋯170㎖
  └ 食用花⋯隨意

作法

1 將所有的水果剝皮，各自加上甘麴後，以食物調理機或果汁機攪拌至柔滑。

2 倒入玻璃杯，以小番茄裝飾番茄果昔、以薄荷葉裝飾奇異果果昔、以奇亞籽裝飾芒果果昔、以實用花裝飾水蜜桃果昔。

◎當甘麴太濃稠時，請加水調整濃度。
◎甘麴的製作方式出乎意料地簡單，請各位務必嘗試動手做做看（參照下記）。

Step up!

製作甘麴！
①把白飯500g、水800㎖放入鍋中，以小火燉煮約15分鐘後稍微放涼。
②加上弄散的米麴650g，攪拌後再移入電子鍋內。
③加上1公升的水之後保溫七小時（60℃），進行發酵。
※冷藏可保存七天。
※比起乾燥的米麴，更建議各位使用味道不臭的生米麴。在網路等通路即可購得。
※甘麴冷卻之後，可放入製冰盒內分裝冷凍，這樣要使用時會很方便（可保存三個月）。

甘麴杏仁豆腐

將大受歡迎的點心混合甘麴，變成了入口即化的濃厚口感，
這道點心直接品嚐就很美味，但淋上水果醬後會讓味道變得更豐富。

材料　4人份

甘麴…200mℓ
杏仁豆腐粉…700g
水…400mℓ
柿子…1顆
茴香…隨意

作法

1　用食物調理機或果汁機將甘麴攪拌成柔滑的泥狀。

2　把步驟 **1** 移入鍋內，再與杏仁豆腐粉、水一同攪拌。以小火加熱，然後稍微滾煮一下。

3　倒入方型鐵盤內並稍微放涼，再放入冰箱內冷藏至凝固。

4　裝入容器內，淋上打成泥狀的柿子，再以茴香裝飾。

memo

◎亦可以檸檬片代替柿子來裝飾。

甘麴雪酪

只要將甘麴與色彩繽紛的綜合莓果混合後冷凍，就是一道簡單的甜點。
有著微微甜味的雪酪放在鬆餅上面，看起來更有時尚的感覺。

材料 4人份

甘麴…300mℓ
綜合莓果（冷凍）…100g
薄荷葉…隨意

作法

1 以果汁機或食物調理機將甘麴攪拌成柔滑的泥狀。

2 放入冷凍密封袋裡後壓緊袋口，放進冷凍庫內約一小時。甘麴呈現半結凍的狀態時，再以擀麵棍等器具敲打密封袋，讓甘麴變得柔滑綿細。

3 加上綜合莓果後再次放入冷凍庫內結凍。

4 從冷凍庫取出莓果雪酪，擱置數分鐘後使之變軟，隔著袋子用手搓揉，將結凍的莓果雪酪弄碎。盛裝至容器內，再裝飾上薄荷葉。

memo

◎分成兩階段冷凍，可使雪酪入口時的口感更加滑順綿密。

甘麴鬆餅

大膽地捨棄雞蛋並且加入甘麴,讓鬆餅的口感濕潤又鬆軟。
而且再以希臘優格代替鮮奶油,降低卡路里。

材料　4片份(直徑13cm)

鬆餅粉…200g
甘麴…200mℓ
沙拉油…適量
希臘優格(無糖)…100g
藍莓醬…適量
薄荷葉…隨意

作法

1 將鬆餅粉、甘麴放入碗裡攪拌。

2 以平底鍋加熱沙拉油後,再將平底鍋放在濕抹布上,讓鍋底冷卻。

3 倒入步驟1,以小火煎烤兩面。

4 盛盤後放上藍莓果醬、希臘優格,並裝飾上薄荷葉。

memo

◎覺得甜度不夠時,也可以淋上蜂蜜。
◎可依個人喜好選擇加或不加果醬。
◎使用以生米麴製成的甘麴來製作鬆餅,能使鬆餅麵糊變得更加膨鬆。

甘麴韓式辣醬

以甘麴代替豆麴，製成了柔和風味的辣味噌——韓式辣醬。
捨棄了大蒜所以沒有蒜味，因此不管是炒菜還是其他時候皆能使用，讓人如獲至寶。

材料

甘麴…600g
A 味噌…100g
　辣椒粉…50g
　鹽巴…5g
蜂蜜…2大匙

作法

1 以果汁機或食物調理機將甘麴攪拌成柔滑狀，再倒入鍋子。一邊以小火加熱，一邊以木鏟攪拌以免燒焦，熬煮至甘麴的分量減少1/3。

2 依序將材料A放入鍋中攪拌，再加上蜂蜜。稍微冷卻後即可移至保存容器內。

memo

◎若能使用自製的甘麴（參考P61），做出來的辣醬味道就會更溫和。
◎冷藏可保存三個月。

甘麴辣醬豆腐

吃起來有著微微的麻辣感，黏稠的鮮甜味有如起司一般，是一道令人印象深刻的手工發酵食品。非常推薦將這道料理當成下酒菜，小口小口地慢慢品嚐。

材料　4人份

嫩豆腐…1盒(約250g)
甘麴韓式辣醬（參考P66）…5大匙
鹽巴…1/2小匙
香菜…隨意

作法

1 以廚房紙巾包住嫩豆腐，並將盤子放在嫩豆腐上面約30分鐘，以去除豆腐的水分。

2 擦乾步驟1的水分後撒上鹽巴，並將甘麴韓式辣醬塗抹在豆腐表面。以廚房紙巾包住之後再放入塑膠袋或保鮮盒裡，放進冰箱冷藏三至十天進行醃漬。廚房紙巾浸溼了就再換新的。

3 切成厚度1㎝的片狀，盛盤後再裝飾上香菜。

memo

◎可以微波爐加熱2～3分鐘，便可輕鬆完成去除豆腐水分的步驟。
◎醃漬三天以上是最適合食用的時候。醃漬後冷藏約可保存十天。
◎醃漬時間越長，味道會越酸，請依個人喜好的酸味程度來享用。

檸檬酵素

將水果中含有的酵素進行發酵、熟成並濃縮，提煉出排毒效果備受期待的檸檬酵素。
除了能當成飲品食用，亦能作為調味料，有著豐富且多樣的用途。

材料

檸檬（日本產）…300g
砂糖…300g

作法

1 仔細地將檸檬清洗乾淨後，切成厚度約3㎜的圓片。放入碗中並加上砂糖，以木鏟混合均勻。封上保鮮膜後置於常溫下一天。

2 待檸檬出水後，移入煮沸消毒後的容器內。

3 在醃漬的一週左右，需每天用木鏟攪拌檸檬，讓氧氣進入容器內。瓶子的蓋子不必拴緊，或是瓶口不加蓋改用棉布覆蓋，並用橡皮筋固定。

4 置於陰涼處持續發酵，等到不再冒泡後即可拴緊瓶蓋。

memo

◎如未購得日本產的檸檬時，請剝除檸檬皮後再醃漬。
◎為了避免出現酒精發酵或醋酸發酵，請勿減少砂糖分量。
◎保存用的瓶子請務必煮沸消毒，並且完全乾燥後再使用。
（以抹布等物擦拭可能會造成細菌進入瓶中，請避免此動作）
◎常溫可保存三個月。
◎檸檬醃漬約十天後即可食用。由於檸檬皮會釋放出苦味，建議您在一個月內食用完畢。
◎只要加上適量的氣泡水，即可搖身一變成為清爽的飲料。

草莓顆粒果醬

作法極簡單的草莓果醬，於最後步驟中加入了檸檬酵素。
酵素能發揮效用，對身體有很好的影響，也讓果醬有著淡淡的清爽感。

材料

草莓…500g
日本細砂糖…150g
檸檬酵素（參考P68）…100g

作法

1 去除草莓的蒂頭後以水洗淨，擦乾水氣後置於鍋內。

2 撒上日本細砂糖擱置約15分鐘直到草莓出水。

3 以中火加熱後轉小火熬煮，約20分鐘後關火。稍微冷卻後加入檸檬酵素，再放進乾淨的容器內。

memo

◎冷藏可保存一個月。
◎以藍莓製作也同樣美味。

糖煮蜜桃

將有助於消水腫的桃子做成了白酒燉甜桃，加上檸檬酵素後營養更加分。
與湯汁一同放涼後再淋在香草冰淇淋上，便是令人無法抗拒的美味。

材料　3顆份

桃子…3顆
A 砂糖…2大匙
　　香草莢…1根
　　白酒…400㎖
　　水…100㎖
檸檬酵素（參考P68）…4大匙

作法

1 將桃子切對半並且取出果核。

2 將步驟**1**、材料**A**一同放入鍋中，燉煮約20分鐘。

3 冷卻後剝除桃子皮，加上檸檬酵素。

memo

◎桃子煮過之後，桃子皮就能滑順地被剝下來。
◎冷藏可保存三天。
◎以紅酒製作的話，還能品嚐到不一樣的風味。

什穀米沙拉
佐檸檬酵素醬

以營養豐富且有益腸道健康的什穀米為主要食材，做成了具有飽足感的沙拉。
檸檬酵素清爽的風味，是適合夏天的味道。

材料　2人份

什穀米…100g
水煮紅豆…2大匙
羊栖菜（泡水還原）…30g
黃椒…60g
小黃瓜…60g
＊檸檬酵素沙拉醬
　檸檬酵素（參考P68）…2大匙
　薑汁…1大匙
　鹽巴…1/3小匙
　醋…1大匙
└頂級初榨冷壓橄欖油…1大匙

作法

1 將什穀米放入滾水中煮約20分鐘，直到什穀米變軟至能以手指壓碎的程度。

2 將黃椒、小黃瓜切成1cm大的方塊。

3 事先混合檸檬酵素沙拉醬的材料。

4 混合步驟1與水煮紅豆，再拌上步驟3。

5 加上步驟2、羊栖菜攪拌，即可盛盤。

memo

◎將青椒切成薄片後拌入這道菜餚，會使色彩更加繽紛。

蘋香胡桃起司沙拉
佐檸檬醋

將檸檬酵素混上同分量的醋，即可製作出速成果醋。
請務必將這道淋上檸檬醋沙拉醬的豐盛蘋香起司沙拉做為您的早餐。

材料　2人份

蘋果…1/2顆
布里起司…30g
水菜…70g
＊檸檬醋沙拉醬
　檸檬醋…1大匙
　頂級初榨冷壓橄欖油…2大匙
　鹽巴…1撮
　黑胡椒（粗粒）…少許
培根片…1大匙
胡桃（烘焙過）…2大匙

※檸檬醋的作法
將100㎖的檸檬酵素（參考P68）加上200㎖的玄米醋

作法

1 將蘋果切成厚度2㎜的扇形薄片；布里起司切成一口大小；水菜切成5㎝長的大小。

2 混合檸檬醋沙拉醬的材料。

3 將步驟**1**拌上步驟**2**。

4 盛盤後撒上培根片、胡桃。

memo

◎把布里起司換成藍紋起司後，便是適合大人享用的風味。
◎檸檬醋在常溫底下約可保存六個月。

鮭魚沙拉
佐檸檬酵素優格醬

將醃漬後的鮭魚及蔬菜根部，沾滿了使用檸檬酵素的酸甜佐醬的沙拉。
沙拉的外觀看起來時尚亮麗，卡路里也在控制範圍內，是一道與白酒相當搭配的佳餚唷！

材料　4人份

鮭魚（生魚片用的魚片）…300g
紅心蘿蔔…100g
梨子…1/2顆
鹽巴…適量
橄欖油…2大匙
＊優格醬
　希臘優格（無糖）…50g
　檸檬酵素（參考P68）…2大匙
　洋蔥（切片）…2大匙
　義大利巴西利（切末）…1大匙
　檸檬汁…1大匙
檸檬（扇形薄片）…適量
茴香…隨意

作法

1 將鮭魚撒上少許的鹽巴，擱置數分鐘後擦乾水分。將鮭魚移到方型鐵盤內，並將鮭魚片沾滿1大匙的橄欖油，再放入冰箱靜置1〜2小時。

2 紅心蘿蔔削皮後切成扇形薄片，撒上少許的鹽巴，等到蘿蔔片出水變軟後，拌上1/2大匙的橄欖油。

3 梨子削皮後切成長5㎝、寬2㎝、厚3㎜的板狀，浸泡在鹽水（分量外）中約10分鐘。瀝乾水分後拌上1/2大匙的橄欖油

4 混合優格沙拉醬的材料。

5 如圖片所示依序疊起步驟**2**、**3**、**1**。淋上步驟**4**後再以檸檬、茴香裝飾。

蒜香紫蘇籽油章魚燉飯

在濟州島的當地風味料理——章魚粥中加上了起司與油脂，變身成為西式風格的燉飯。將蒜香紫蘇籽油當作生菜沙拉的沙拉醬，對身體也好處多多。

材料　2人份

白米…1杯
水煮章魚…200g
大麥仁（稍微汆燙）…80g
蒜香紫蘇籽油…1又1/2大匙
鹽巴…1/2小匙
水…650㎖
沙拉油…2小匙
帕瑪森起司…2大匙
水煮章魚（裝飾用，切片）…隨意
義大利巴西利…隨意

※蒜香紫蘇籽油的作法
將100㎖的紫蘇籽油加上2瓣（切片）的大蒜，放入冰箱冷藏一晚以上。

作法

1　白米清洗過後浸泡在水中約30分鐘，然後瀝乾水分。

2　將水煮章魚切成適當的大小，再以食物調理機攪拌成泥狀。

3　將沙拉油倒入平底鍋內加熱，將步驟1放入鍋中拌炒，直到將米心煮透。

4　加上步驟2後稍微加熱，再將水倒入鍋內。沸騰後加上大麥仁並蓋上鍋蓋，以小火加熱約12分鐘。加熱時要一邊以木鏟攪拌以免燒焦。

5　以鹽巴調味後即可盛盤，再淋上蒜香紫蘇籽油。撒上帕馬森起司，並裝飾上水煮章魚（裝飾用）、義大利巴西利。

memo

◎蒜香紫蘇籽油冷藏約可保存1個月。
◎由於紫蘇籽油中所含的 α-亞麻酸不耐高溫，因此最後再淋上紫蘇籽油是此道料理的製作重點。

紫蘇籽油涼拌辣白菜竹筴魚

辣白菜熟成後的酸味以及紫蘇籽油的風味，更能凸顯出竹筴魚的鮮味，是一道灑脫不羈的下酒菜。與味道俐落鮮明的冰涼酒類非常搭配，也可依個人喜好淋上手榨的酸橘汁。

材料　2 人份

竹筴魚（生魚片用）…100g
辣白菜…40g
A 紫蘇籽油…1大匙
└┄ 醬油…2/3大匙
青紫蘇葉…1片
焙芝麻…適量
蔥花…適量
蘘荷（切絲）…1塊份
酢橘（切扇片）…1顆

作法

1 將竹筴魚隨意切成大塊狀。

2 將辣白菜的湯汁擰乾，並切成粗末。

3 將步驟**1**、**2**拌上材料**A**。

4 將青紫蘇葉鋪在容器內，放入步驟**3**盛盤後撒上焙芝麻、蔥花，再擺上蘘荷及酢橘。

memo

◎辣白菜要經過兩週左右的時間才會出現酸味，建議您使用醃製約兩週的泡菜來製作。
◎將這道菜餡做成捲壽司也同樣美味。

紫蘇籽香菇湯

在熱量低、鮮味十足且營養豐富的香菇湯中，加上了富含膳食纖維的紫蘇籽粉。
作法簡單卻美味至極，是一整年都能享用的一道湯品。

材料　2人份

牛蒡…80g
香菇…100g
蘑菇…6朵
鴻喜菇…100g
紫蘇籽粉…70g
鹽巴…1小匙
水…600ml
蝦夷蔥…適量

作法

1 將牛蒡斜切成厚度3mm的薄片，並浸泡在醋水（分量外）中。以篩網撈起後瀝乾水分。

2 取下香菇及蘑菇的蒂頭，並切成厚度5mm的薄片。切除鴻喜菇的蒂頭後，將鴻喜菇弄散。

3 以湯鍋煮滾熱水，再將步驟**1**放入鍋中。等到牛蒡變軟後再加上步驟**2**，滾煮數分鐘後將紫蘇籽粉倒入鍋內並攪拌均勻。

4 以鹽巴調味後即可盛盤，再以切細的蝦夷蔥裝飾。

memo

◎將牛蒡浸泡於醋水中的目的，是為了去除牛蒡的澀味。400ml的水大約要加1大匙的醋。

紫蘇籽酒粕蔘雞湯

只是在基本的蔘雞湯中多加了酒粕、鹽麴與紫蘇籽粉。
僅僅如此便能使雞湯的味道變得更加濃郁。讓身體由內而外變得暖呼呼的。

材料　2～3人份

全雞（事先去除內臟）…1隻（約1kg）
糯米…90g
鹽巴…2大匙
酒粕…1大匙
鹽麴…1小匙
紫蘇籽粉…4大匙
Ａ 大蒜…2瓣
　紅棗…2粒
　高麗人蔘（生）…1根
Ｂ 生薑（切片）…5g
　日本長蔥（長度3㎝）…2根
水…1.5L
枸杞、松子…皆隨意
蔥花…適量

作法

<事前準備>

1 將糯米洗淨，並浸泡於水中約一小時。

2 以流水將整隻全雞清洗乾淨，在雞肉表面及腹內抹上鹽巴後，擱置約30分鐘。以流水再次清洗後，以廚房紙巾等擦乾水分。

<烹調>

3 將材料Ａ與瀝乾水分的步驟**1**塞入步驟**2**的腹內，並以竹籤封住。

4 將水、步驟**3**及材料Ｂ放入鍋內，以大火加熱。沸騰後轉為中火，並撈除雜質。加上酒粕後燉煮約30分鐘，取出材料Ｂ後再燉煮60分鐘。

5 加上鹽麴後再撒上紫蘇籽粉。以枸杞、松子裝飾，並撒上蔥花。

memo

◎將全雞抹上鹽巴可使雞皮變緊實，讓煮出來的雞肉好看。

◎因為要在中途取出長蔥與薑，所以用茶葉袋裝著的話會比較方便。

◎此道湯品與「簡易蔘雞湯」（參考Ｐ30）一樣都可以雞腿肉與雞翅代替全雞，製做起來會比較簡單。

馬格利濁酒

以稻米等作物所製作的傳統濁酒,具有乳酸發酵後的柔和甜味以及微微的酸味。

辣椒粉 (中粒)

辣椒研磨後的顆粒,比細辣椒粉更粗一些。吃起來的口感酥酥脆脆的,細辣椒粉較為辛辣,辣椒粉的辣則較為溫和。

細辣椒粉

生產於韓國的辣椒帶有著令人矚目的香氣,且其辛辣感與甜味有著絕妙的平衡。由於研磨成細緻的粉末,因此也很適合用於調色。

韓國海苔

生產自韓國的調味海苔,帶有著麻油清香與鹽味是韓國海苔的特徵。輕薄且酥脆的口感也是其魅力所在。

特別附錄

完全掌握

在 韓國有各式各樣的特殊食材,如韓式辣
這些食譜能發揮出每一樣食材所特有的

韓式煎餅粉

以麵粉為基底,並以鹽巴等調味料進行事先調味的預拌粉。製作時只要加入水及雞蛋即可,非常方便。

辣醃鱈魚腸卵

將鹽漬後的鱈魚內臟以辣椒、麻油、大蒜等調味,並經熟成後所得到的珍品。吃起來有著卡滋卡滋的口感。

韓國辣醬

以豆麴、辣椒為主要原料的辣椒味噌。有著辛辣的甜辣滋味與經熟成後的鮮味,最適合用來製作燉煮料理。

韓國年糕 (떡볶이)

以米粉製作而成的細長棒狀年糕(떡),口感柔軟而彈韌。大多數的作法是將年糕水煮後再下鍋拌炒(볶이)。

韓國食材

醬、韓國海苔等。以下將為您介紹值得推薦的食譜,
個性,作法也都很簡單。

馬格利濁酒蒸花蛤

以馬格利濁酒製作所謂的酒蒸料理，便能讓味道變得溫潤且色澤猶如牛奶般的濁白。溶入了珍貴無比的花蛤肉湯汁，請各位一定要喝光這湯汁哦！

材料　2人份

花蛤…300g
A 馬格利濁酒…150㎖
　　水…100㎖
　　大蒜（磨泥）…1小匙
　　鹽巴…1小匙
　　黑胡椒（粗粒）…適量
香菜…適量

作法

1 將花蛤浸泡在鹽水（200㎖的水加1小匙的鹽巴）中約兩小時，讓花蛤吐沙。

2 將材料A放入鍋中，以大火加熱數分鐘。

3 加上步驟1之後蓋上鍋蓋，並轉為中火。待沸騰且花蛤皆打開後即可關火，再以稍微切過的香菜裝飾。

memo

◎若不喜歡大蒜的氣味，亦可以生薑代替。

使用韓國辣醬＞＞＞

雞肉火腿沙拉
佐辣果醋沙拉醬

韓國辣醬加上和風果醋，就成了清新又辛辣的韓式沙拉醬。
能為雞肉增添了恰到好處的鮮味。

材料　2人份

雞胸肉…1片（約300g）
嫩芽葉…70g
醃漬番茄
（可以小番茄代替）…4粒
醃漬續隨子漿果…隨意
茅屋起司…50g
顆粒芥末醬…1大匙
鹽麴…2大匙
砂糖…1大匙

＊ 辣果醋沙拉醬
　昆布…10cm大的方形
　醬油…150㎖
　味醂…50㎖
　醋…100㎖
　日本柚子果汁…80㎖
　韓國辣醬…1大匙
　鷹爪辣椒…3根

作法

<事前準備>

1 以鹽麴、砂糖搓抹雞胸肉，使雞胸肉入味。放入夾鏈密封袋內冷藏一晚。

2 混合辣果醋沙拉醬的材料，並靜置一晚。

<烹調>

3 將步驟**1**連同湯汁一起放入沸騰的熱水中，將火力轉到最小，汆燙約15分鐘。取出雞胸肉後再以保鮮膜包覆，稍微冷卻後放入冰箱冷藏。

4 將步驟**3**切成薄片，並與嫩芽葉、切片的醃漬番茄、醃漬續隨子漿果一同盛盤。撒上茅屋起司、顆粒芥末醬後淋上兩大匙的步驟**2**。

memo

◎以鹽麴醃漬雞胸肉，可使水煮後的雞胸肉變得多汁軟嫩。
◎辣果醋沙拉醬冷藏可保存一個月。

使用細辣椒粉

蒜味韓式辣醬

以大蒜為基底的手工製辣醬非常容易製作且美味無比，請各位務必嘗試。除了用來炒菜之外，也很適合用在燉菜、鍋物等各式各樣的料理。

材料

大蒜…100g

A 細辣椒粉…100g

日本三溫糖…100g

淡味醬油…180㎖

作法

1 以食物調理機或果汁機將大蒜攪拌成泥狀。

2 將步驟1、材料**A**放入鍋內，以小火加熱20～30分鐘，一邊以木鏟攪拌以免燒焦。

memo

◎請以煮沸消毒後的容器保存。

◎常溫可保存一年以上。存放時間越久，味道會變得更溫潤。

◎蔬菜棒沾上蒜味辣醬後，吃起來會很美味。

Remake 1

韓風打拋豬肉飯

以蒜味韓式辣醬將泰國盛行的炒羅勒蓋飯改造成韓國風味。
放上豐盛的茄子、洋蔥等蔬菜後，分量十足又健康。

材料　2人份

雜糧飯…200g
豬絞肉…200g
羅勒葉…10片
洋蔥…1/2顆
茄子…1條
菠菜（切成3㎝長）…50g
雞蛋…2顆
沙拉油…1小匙
A 冷壓白麻油…1大匙
⌐生薑（切細末）…1小匙多
└大蒜（切細末）…1瓣份
鹽巴…1/3小匙
蒜味韓式辣醬（參考P85）…1大匙
紅味噌…1大匙
黑胡椒（粗粒）…少許
萵苣…適量
番茄（切成半月形）…適量

作法

1 將洋蔥切成粗末、茄子切成1㎝大的塊狀。

2 以平底鍋加熱材料A，並以小火慢慢地炒出香味。

3 放入豬絞肉後以中火加熱拌炒，並撒上鹽巴。加上步驟1，煮熟後再加上蒜味辣醬、紅味噌攪拌混合。

4 撒上黑胡椒後加上菠菜，用手撕碎羅勒葉後放入鍋中，稍微拌炒一下。

5 沙拉油倒入平底鍋加熱，將雞蛋打在平底鍋內，煎成半熟荷包蛋。

6 將雜糧飯盛盤，並將步驟4、5放在飯上，然後擺上萵苣、番茄。

memo

◎用手撕碎羅勒葉，能讓羅勒的香氣更加鮮明。
◎請依個人喜好增減蒜味韓式辣醬的分量。

Remake 2

蒜味辣醬拌冷麵（비빔麵）

「비빔」是混合攪拌的意思，而비빔麵就是韓國的拌冷麵。
拌冷麵醬汁使用蘋果讓味道更溫潤，與溫泉蛋搭配美味至極。

材料　2人份

韓國冷麵…160g
溫泉蛋…1顆
青紫蘇葉…2片
小黃瓜（切絲）…適量
蘋果（切絲）…適量
＊拌冷麵醬汁
　蒜味辣醬（參考P85）…2大匙
　蘋果醋…2大匙
　黑砂糖…2大匙
　蘋果（磨泥）…1大匙
　洋蔥（磨泥）…1大匙
└麻油…1大匙
麻油…2小匙
白芝麻…適量
蔥花…適量

作法

1 製作拌冷麵醬汁。先將材料充分攪拌，使之均勻混合。

2 依包裝袋的指示，以滾水煮韓國冷麵。用篩網撈起後以冷水清洗，再將麵條浸泡於冰水中冰鎮。

3 以篩網撈起步驟2後瀝乾水分，再拌上麻油。

4 加上2又1/2大匙的步驟1拌冷麵醬汁，將醬汁與與麵條拌在一起。

5 把青紫蘇葉鋪在盤子上，盛裝步驟4後再將溫泉蛋放在麵上。撒上白芝麻與蔥花後，再擺上小黃瓜與蘋果。

使用韓式煎餅粉

三種韓式煎餅

韓國的大阪燒——韓式煎餅的食材有著豐富的變化,是一道能夠開心品評各種餡料的料理。筆者製作了三種口味的煎餅,有香甜玉米煎餅、脆口蓮藕煎餅、鮮味十足的韭菜花枝煎餅。

玉米海苔煎餅

材料　8片份（直徑7cm）

* 煎餅麵糊
　　煎餅粉…250g
　　水…380mℓ
　　雞蛋…1顆
　　鹽巴…2g
玉米（帶皮）…1條
青海苔粉…1小匙
沙拉油…適量

製作煎餅的重點！

※麵糊攪拌後若置於冰箱冷藏約一小時，可使煎餅的味道變重。
※煎一片煎餅大約需要使用1又1/2大匙的沙拉油。煎至表面酥脆即可完成。

作法

1 用保鮮膜包裹玉米（帶皮）後，以微波爐（600W）加熱4分鐘。用刀子刮下玉米粒，去除玉米芯。

2 混合煎餅粉麵糊的材料。

3 把步驟1倒入碗中，加上100mℓ的步驟2麵糊、青海苔粉後攪拌混合。

4 以平底鍋加熱沙拉油，將步驟3的麵糊倒入鍋中，使麵糊的直徑達7cm，將麵糊雙面煎至淺褐色。

蓮藕香菜煎餅

材料　8片份（直徑7cm）

煎餅麵糊（參考上述作法）…100mℓ
蓮藕…200g
香菜葉…8片
沙拉油…適量

作法

1 削去蓮藕皮，切成5mm大的方塊。

2 將步驟1放入碗中，加上煎餅麵糊一起攪拌。

3 以平底鍋加熱沙拉油，將步驟2的麵糊到入鍋中，使麵糊的直徑達7cm。將麵糊兩面煎至淺褐色後，裝飾上香菜的葉子。

花枝韭菜煎餅

材料　5片份（直徑20cm）

煎餅麵糊（參考上述作法）…680mℓ
花枝腳…120g
韭菜…200g
紅蘿蔔…100g
洋蔥…100g
紅辣椒（生的，切粗末）…隨意
青辣椒（生的，切粗末）…隨意
沙拉油…適量

作法

1 將花枝腳切成粗末；韭菜、紅蘿蔔切成長3cm的細絲；沿著纖維將洋蔥切成長3cm的薄片。

2 將步驟1放入碗中，加上煎餅麵糊一起攪拌。

3 以平底鍋加熱沙拉油，將步驟2的麵糊到入鍋中，使麵糊的直徑達20cm。將麵糊兩面煎至淺褐色後，切成7cm大的四方形，再撒上紅辣椒、青辣椒。

memo

◎也可以使用辣椒絲代替紅辣椒末。

使用韓國海苔〉〉〉〉

韓式涼拌菇菇海苔

把鹽味十足且具有麻油香氣的韓國海苔，作為涼拌小菜的調味。
炒菇類時盡量不要一直拌炒，這樣炒出來的菇才會多汁。

材料　2人份

舞菇⋯200g
杏鮑菇⋯200g
韓國海苔（整片）⋯1片
芝麻粉⋯3大匙
鹽巴⋯1/2小匙
胡椒⋯少許
麻油⋯1小匙
蔥花⋯適量

作法

1 將舞菇弄散成方便食用的大小；杏鮑菇切成長度4㎝。

2 以平底鍋拌炒步驟**1**，再加上芝麻粉，並以鹽巴及胡椒調味。

3 盛盤後淋上芝麻油，放上用手撕碎的韓國海苔，再撒上蔥花。

memo

◎也很建議各位以紫蘇粉代替芝麻粉、以紫蘇籽油代替麻油。
◎由於舞菇與杏鮑菇都會出水，所以不加油炒也無妨。

使用韓國年糕>>>

韓國年糕燴雜菜（잡채）

「잡」的意思是混合好幾樣東西；「채」則是切成細絲的食材。
加上韓國年糕後，便讓這道燴雜菜強調出年糕獨特的彈韌感，是一道很有趣
的料理。

材料　2人份

韓國年糕…100g	Ⓐ 醬油…1大匙
紅蘿蔔…80g	砂糖…1大匙
甜椒（紅、黃）…80g	日本長蔥(切成細末)
牛蒡…80g	…1/2大匙
黑木耳…5朵	大蒜（磨泥）
水芹…1把	…1/2小匙
鹽巴…適量	胡椒…少許
醬油…1小匙	焙芝麻…1/2大匙
麻油…1又1/2大匙	番茄乾…3粒

作法

1 將年糕縱切成四等分。放入滾水汆燙約一分鐘後用篩網撈起，以冷水洗滌後瀝乾水分，再將年糕拌上醬油、1/2大匙的麻油。

2 將紅蘿蔔切成長5㎝、厚3㎜的細絲，也將甜椒（紅、黃）切成同樣的尺寸。以平底鍋加熱1大匙的麻油，分開拌炒各項食材後撒上鹽巴。

3 將牛蒡切成與紅蘿蔔同樣的形狀，並將牛蒡絲浸泡在醋水中。以篩網撈起後瀝乾水分，與1/4分量的材料Ⓐ一同拌炒。

4 黑木耳泡水還原後弄成碎片，並與1/4分量的材料Ⓐ一同拌炒。

5 水芹水煮後切成5㎝長。

6 將步驟1～5放入碗中，並拌上剩餘的材料Ⓐ。盛盤後撒上焙芝麻，並以切成細絲的番茄乾裝飾。

memo

◎由於將蔬菜切成相同的形狀、大小，所以都能凸顯出各自的口感。

◎由於分開調味各項食材，所以讓整體的味道是融合在一起的。

使用辣椒粉（中粒）﹀﹀﹀

辣油

辣油中的中顆粒辣椒粉有著美妙的酥脆口感，嗆鍋後的醬油香氣也是辣油的重點所在。這份辣油能夠淋在冷豆腐，也能用來沾餃子，可運用在各種用途上。

材料

沙拉油…200㎖
麻油…100㎖
辣椒粉（中粒）…30g
洋蔥（切成厚2㎜的薄片）…1/4顆
日本長蔥（蔥綠的部分）…1根
鷹爪辣椒…5～6根
蒜酥…2大匙
醬油…60㎖
味醂…60㎖
花椒…1小匙
陳皮…1小匙

作法

1 將洋蔥、日本長蔥放進沙拉油，以小火加熱，使洋蔥與長蔥的香氣滲入沙拉油。

2 當長蔥與洋蔥變成淺褐色後即可取出。

3 加上花椒及陳皮後以小火煮約五分鐘，再加上醬油、味醂。

4 將辣椒粉放入耐熱的碗中，依序注入步驟**3**及麻油。

5 稍微冷卻後加上步驟**2**的洋蔥、鷹爪辣椒及蒜酥。移入煮沸消毒後的容器內保存。

memo

◎冷藏可保存一個月。
◎由於混合了沙拉油，因此製作出的辣油味道會比外觀看起來更清爽。
◎陳皮為乾燥後的橘子果皮，可於中式食材店等處購得。

Remake 1

香麻辣油燴雜菜冬粉

在這一道能品嚐到不同蔬菜的各種口感的涼拌韓國冬粉料理中，增添了香麻的辣油。
還加上了大蒜的香味以及洋蔥的甜味，讓這道料理更鮮甜。

材料　2人份

韓國冬粉…100g
紅蘿蔔…80g
甜椒（紅、黃）…80g
牛蒡…80g
黑木耳…5朵
菠菜…80g
鹽巴…少許
麻油…1大匙
醬油…1小匙
Ａ 砂糖…2大匙
　 醬油…3大匙
　 辣油（參考P92）…3大匙
　 胡椒…少許

作法

1 依包裝袋上的指示水煮韓國冬粉，再將冬粉切成方便食用的長度。拌上醬油與1/2大匙的麻油。

2 將紅蘿蔔、甜椒（紅、黃）切成長5㎝、厚3㎜的條狀。牛蒡也切成同樣的大小，並將牛蒡浸泡在醋水（分量外）中。

3 用手將泡水後的黑木耳撕成碎片；菠菜水煮後切成5㎝的長度。

4 以平底鍋加熱1/2大匙的麻油，將步驟2的紅蘿蔔、牛蒡與步驟3的黑木耳放入鍋中迅速拌炒後，以鹽巴先稍微調味。

5 將步驟1、步驟2的甜椒放進步驟4中拌炒，再以材料Ａ調味。

6 加上步驟3的菠菜，將菠菜稍微煮熟後即可盛盤。

memo

◎韓國冬粉是以地瓜所製成的麵條，麵條粗且具有彈性。可於韓式食材專賣店等處購得。
◎由於將蔬菜切成相同的形狀、大小，所以都能凸顯出各自的口感。
◎將所有食材一起烹飪、調味，可使整體的味道融合。

使用辣醃鱈魚腸卵レレレ

辣醃鱈魚腸卵義大利麵

辣醃鱈魚腸卵是韓式料理中的必備珍饈，有著熟成後的鮮味，最適合當成調味料。只要將辣醃鱈魚腸卵加入清炒蒜香義大利麵中，就能瞬間搖身一變為韓式風味。

材料　1人份

義大利麵（粗1.6mm）…70g
辣醃鱈魚腸卵…40g
大蒜（切細末）…1小匙
鹽巴…少許
胡椒…少許
橄欖油…3大匙
帕馬森起司…1大匙
蝦夷蔥（切末）…適量
松子…適量

作法

1　將義大利麵放進大量的滾水中水煮，煮麵的時間要比包裝袋上標註的時間減少約1分鐘。

2　以平底鍋加熱橄欖油，並以小火將大蒜炒香，再將辣醃鱈魚腸卵放入鍋中。

3　將步驟1及2大匙的煮麵水一起加入步驟2中拌勻。

4　以鹽巴、胡椒調味後即可盛盤。撒上帕馬森起司，再撒上蝦夷蔥及松子。

memo

◎盡量將大蒜切成細緻的碎末，如此一來蒜味會變得柔和，讓這道料理的味道更加優雅。
◎水煮義大利麵時請將火力維持在小火，以免義大利麵水分不足而過於乾硬。

PROFILE

吉川 創淑（梁創淑）

1972年出生於大阪，為李朝園股份有限公司的常務董事，亦為料理研究家、料理造型師（Food coordinator）。大學畢業後開始協助家族事業的泡菜製造業，並設計出個人的泡菜食譜。2005年起親自投入各式型態的韓式料理店的經營，並在2011年於韓國完成韓國藥膳碩士學位等進修。同於2011年起開設提供給一般名眾的料理教室，盡心致力於推廣有益身體的料理。著有《有魅力的濟州島料理與韓式健康飯食（暫譯）》（旭屋出版社）、《韓食・健康雙酵料理》（瑞昇文化出版）。

●李朝園 RICHOUEN
除了以大阪為主要展店地區的十六間韓式飲食餐館『李朝園』之外，亦有飲茶與糕點店鋪『TAMO CAFÉ』、內臟料理專賣店『浪花HORMONE 280』、燒肉店『李朝園』等等，多方經營以韓式料理為主軸的飲食店面。除了販售使用磷蝦乾且未添加柴魚片的獨創泡菜，還有以當季蔬菜所製的泡菜、冷麵等自家產品，以及調味料等韓國食材。

●李朝園股份有限公司
大阪市平野区加美北4-1-4
TEL 06-6791-2222
免付費電話 0120-489-962
URL http://richouen.co.jp/

TITLE

凍齡美顏這樣吃　韓風高纖多酵料理

STAFF

出版	瑞昇文化事業股份有限公司
作者	吉川創淑
譯者	胡毓華
監譯	高詹燦

總編輯	郭湘齡
責任編輯	黃美玉
文字編輯	蔣詩綺　徐承義
美術編輯	謝彥如　孫慧琪
排版	執筆者設計工作室
製版	印研科技有限公司
印刷	桂林彩色印刷股份有限公司

法律顧問	經兆國際法律事務所　黃沛聲律師

戶名	瑞昇文化事業股份有限公司
劃撥帳號	19598343
地址	新北市中和區景平路464巷2弄1-4號
電話	(02)2945-3191
傳真	(02)2945-3190
網址	www.rising-books.com.tw
Mail	deepblue@rising-books.com.tw

初版日期	2017年12月
定價	300元

國家圖書館出版品預行編目資料

> 凍齡美顏這樣吃 韓風高纖多酵料理 / 吉
> 川創淑作; 胡毓華譯. -- 初版. -- 新北市：
> 瑞昇文化, 2017.12
> 96　面; 18.8 X 25.7　公分
> ISBN 978-986-401-209-1(平裝)
>
> 1.食譜 2.酵素 3.韓國
>
> 427.132　　　　　　　　106020428